Sustratos como Material de Última Generación

Oscar Gabriel Villegas Torres
Martha Lilia Domínguez Patiño
Magdalena Albavera Pérez
María Andrade Rodríguez
Héctor Sotelo Nava
Martín Gerardo Martínez Rangel
Miguel Aguilar Cortés
Carlos Castillo Carpintero
María del Carmen Magadan Salazar

OmniaScience

Sustratos como Material de Última Generación

Autores:

Oscar Gabriel Villegas Torres[1], Martha Lilia Domínguez Patiño[2], Magdalena Albavera Pérez[1], María Andrade Rodríguez[1], Héctor Sotelo Nava[1], Martín Gerardo Martínez Rangel[3], Miguel Aguilar Cortés[2], Carlos Castillo Carpintero[2], María del Carmen Magadan Salazar[2]

[1]Facultad de Ciencias Agropecuarias. Universidad Autónoma del Estado de Morelos, México,

[2]Facultad de Ciencias Químicas e Ingeniería. Universidad Autónoma del Estado de Morelos, México

[3]Facultad de Contaduría, Administración e Informática. Universidad Autónoma del Estado de Morelos, México

UNIVERSIDAD AUTÓNOMA DEL ESTADO DE MORELOS

FACULTAD DE CIENCIAS AGROPECUARIAS

FCQI-UAEM Facultad de Ciencias Químicas e Ingeniería

ISBN: 978-84-945603-7-8

DOI: http://dx.doi.org/10.3926/oms.364

ÍNDICE

ÍNDICE DE CUADROS

ÍNDICE DE FIGURAS

Capítulo 1

INTRODUCCIÓN

Debido al rápido crecimiento demográfico, la producción de alimentos debe ser considerada una prioridad. Los esfuerzos en investigación no deben perder de vista la importancia que esto representa, por tal motivo debe atenderse la innovación de técnicas que permitan el mayor control de los factores del ambiente orientados a la producción intensiva, al aumento de la diversidad de los productos, el obtener mejores rendimientos y calidad en las cosechas.

En el esquema de generación de tecnología, la producción de plántula en invernadero brinda mayor protección contra insectos, los cuales pueden afectar el desarrollo inicial de las hortalizas (Quesada y Méndez, 2005a), permite la selección de las plántulas más vigorosas con el objetivo de reducir su pérdida al ser plantadas en campo o invernadero, y aumenta la precocidad y homogeneidad del cultivo (Ortega-Martínez et al., 2010). Para que estas ventajas sean una realidad, dos factores son de gran relevancia: el uso de contenedores elaborados con materiales resistentes y ligeros, y los sustratos (Quesada y Méndez, 2005; Vargas-Tapia et al., 2008a; Berrospe-Ochoa et al., 2012).

El uso de sustratos obliga a no descuidar la correcta utilización de los recursos naturales, es decir, no debe provocar impacto ambiental negativo de importancia (Cruz-Crespo et al., 2010). La producción de plántulas requiere de grandes cantidades de sustratos que en su mayoría son orgánicos y frecuentemente a base de turba del musgo *Sphagnum*, importada principalmente de Canadá, Letonia, Finlandia, Estonia y Holanda; sin embargo, este uso ya generalizado fomenta la dependencia tecnológica y el aumento de los costos de producción (Berrospe-Ochoa et al., 2012).

Las características físicas, químicas y biológicas de la turba permiten una excelente germinación y crecimiento de las plántulas, pero su costo elevado y explotación no sostenible ha comenzado a restringir su uso (Fernández et al., 2006).

Actualmente existe una tendencia creciente hacia la búsqueda de materiales que puedan sustituirla, por el alto costo de la turba de calidad, y sobre todo por la consideración medioambiental de las turberas en Europa. La Directiva 92/43/CEE del Consejo de 21 de mayo de 1992, relativa a la conservación de los hábitats naturales y de la fauna y flora silvestres, protege los ecosistemas de turberas dada su importancia ambiental y la valoración de los mismos como reserva de CO_2 (López y López, 2012).

Debido al alto costo y la inconstante disponibilidad en el mercado, surge la necesidad de disponer de materiales producidos regionalmente, que reúnan las características de estabilidad, probada calidad e inocuidad (Quesada y Méndez, 2005a; Puerta et al., 2012). Al respecto, se han desarrollado diversos trabajos de investigación en cuanto al uso de subproductos agroindustriales los cuales representan problemas de contaminación ambiental debido a la disposición final que se realiza de manera inadecuada; por ello, el uso de estos materiales otorga dos beneficios en sí: la disposición adecuada de los desechos y bajar los costos de producción de plántulas.

Cabrera (1995) indicó que idealmente un sustrato debe presentar características físicas y químicas óptimas, complementadas con un buen manejo técnico para soportar un adecuado crecimiento de la plántula. Sin embargo, no existe un material con todas las propiedades físico-químicas óptimas para todos los usos y circunstancias de los cultivos y del contenedor que los mantienen (Quesada y Méndez, 2005b).

El objetivo de la caracterización física es predecir el comportamiento del sustrato respecto a la disponibilidad de aire y agua para el sistema radical de la planta (Terés, 2001). El primer paso para la utilización de un material como sustrato de cultivo es la caracterización y el estudio crítico de sus propiedades físicas y químicas para establecer si son adecuadas para el desarrollo de un cultivo o bien es necesario hacer alguna adecuación para utilizarlo, de ello dependerá la selección de éste, pues es de suma importancia para obtener una óptima germinación y desarrollo de las plantas (Ayala-Sierra y Valdez-Aguilar, 2008). Anicua-Sánchez et al. (2008) mencionan que el estudio de los sustratos debe enfocarse a sus características hídricas y granulométricas. Por ello, es primordial dar importancia a la investigación en materiales, haciendo énfasis en la caracterización física de los mismos, y no solamente a la evaluación agronómica, que también es de relevancia.

CAPÍTULO 2

REVISIÓN DE LITERATURA

2.1. Sustrato. Concepto y ventajas de su uso

Un sustrato es todo material sólido distinto del suelo, ya sea natural o de síntesis, residual, mineral u orgánico, que colocado en un contenedor, en forma pura o en mezcla, permite el anclaje del sistema radical de la planta, desarrollando el papel de soporte a las mismas; así como proveer agua y nutrimentos, permitiendo el intercambio gaseoso desde y hacia la raíz para su apropiado funcionamiento (Terés, 2001; Pire y Pereira, 2003; Quesada y Méndez, 2005b).

El cultivo en sustrato proporciona, en relación al cultivo en suelo, mayor capacidad de control de los factores de producción relacionados con el sistema radical de la planta, debido a la reducción del volumen explorado por las raíces y a las características propias de los materiales empleados como sustratos de cultivo. A diferencia de los suelos, los sustratos pueden retener una gran parte de su contenido hídrico a bajas tensiones, por lo que tensiones muy pequeñas serán suficientes para eliminar un gran volumen de agua de los poros, que se irán enriqueciendo de aire. Este comportamiento está relacionado con el tamaño de partículas que componen los mismos, que es generalmente mucho mayor que en los suelos (Moreno-Álvarez, 2002).

La calidad de las plántulas obtenidas dependerá del tipo de sustrato a utilizar y de sus características físicas y químicas, ya que el desarrollo y funcionamiento de las raíces están determinadas por las condiciones de aireación y contenido de agua, además de la influencia que estos factores tienen sobre el suministro de los nutrientes necesarios (García et al., 2001).

2.2. Clasificación de sustratos

El sustrato puede intervenir o no en el complejo proceso de nutrición mineral de la planta, por lo que se pueden clasificar como químicamente activos (turbas, cortezas de pino, etc.) o inertes (perlita, lana de roca, roca volcánica, etc.) (Terés, 2001; Urrestarazu, 2004; Cadahía, 2005).

Otros criterios para clasificar los sustratos se basan en el origen de los materiales, su naturaleza, sus propiedades, su capacidad de degradación, etc. Sin embargo, la clasificación común es en materiales orgánicos e inorgánicos (Burés, 1998).

a) Materiales orgánicos

De acuerdo con su origen, los sustratos orgánicos pueden ser de tres tipos:

- Natural. Son materiales que están sujetos a descomposición biológica; por ejemplo, la turba y tierra de monte.
- Sintéticos. Normalmente denominados plásticos polímeros orgánicos no biodegradables, obtenidos mediante síntesis química como la espuma de poliuretano, poliestireno o de resinas fenólicas (Bunt, 1988; Burés, 1997).
- Residuos y subproductos de diferentes actividades de producción y consumo. Los materiales de este grupo requieren previa maduración o estabilización de su materia orgánica para poder ser adecuados como sustratos; por ejemplo, las cortezas de árboles, aserrín, viruta de madera, residuos sólidos urbanos, lodos de plantas depuradoras de aguas negras, estiércoles, cascarilla de arroz, paja de cereales y polvo de coco (Bunt, 1988; Burés, 1997).

b) Materiales inorgánicos

Se describen tres tipos: los de origen natural, los transformados o tratados industrialmente, y los residuos y subproductos industriales.

- De origen natural. Son materiales obtenidos a partir de rocas o minerales de origen diverso (ígnea, metamórfica o sedimentaria), no son biodegradables; por ejemplo, arena, grava, roca volcánica, zeolita y tezontle.

- Transformados o tratados industrialmente. Son materiales provenientes de rocas o minerales, que han sufrido un proceso químico o físico, con el objetivo de obtener fibras y o gránulos ligeros muy porosos, tales como perlita, lana de roca, vermiculita y arcillas expandidas (Bunt, 1988; Hitchon et al., 1990).

- Residuos y subproductos industriales. Son materiales provenientes de diversas actividades industriales, residuos de procesos de combustión, desechos de minería, escorias de los hornos y de carbón (Burés, 1997).

2.3. Fases sólida, líquida y gaseosa de los sustratos

Se puede considerar al sustrato como un sistema conformado por tres fases: la sólida, constituida por las partículas; líquida, integrada por el agua y las sustancias disueltas; y la gaseosa, que la representa el aire contenido en el sustrato (Ansorena, 1994; Anicua-Sánchez et al., 2008).

Fase sólida. La estructura física de un sustrato está formada básicamente por un espacio poroso, que conforma el esqueleto del sustrato, estos poros pueden estar llenos de agua o aire y corresponde a espacios situados entre las partículas o dentro de las mismas. Este esqueleto y el espacio poroso están definidos por la naturaleza del material y el tipo de empaquetamiento o configuración espacial y de su distribución granulométrica, esto es el tamaño de las partículas, mezclado e isotropía, que es la homogeneidad de las propiedades físicas en todas las direcciones. La composición elemental y la estructura interna están determinadas por las propiedades físicas y químicas de un sustrato (Anicua-Sánchez et al., 2008).

Fase líquida. Esta fase requiere atención especial por la disponibilidad de agua que debe brindar el sustrato a las plantas, es el soporte de la solución nutritiva y debe considerarse la fuerza energética e hidráulica. Este estudio está encaminado a reducir el gasto en la solución nutritiva y permiten el manejo adecuado del riego para ahorro de agua (Pineda, 2011). El tamaño de los poros condiciona la aireación y retención de agua del sustrato, determinado por las fuerzas gravitacionales conforme los poros están llenos o parcialmente llenos de agua, este equilibrio entre aire y agua determina la curva de retención de humedad, condición importante para calcular el agua fácilmente disponible, el agua de reserva y la capacidad de aireación para las plantas.

Fase gaseosa. Las plantas requieren además de agua el aire necesario para mantener su metabolismo y crecimiento. Los poros más grandes están ocupados por aire, mientras que los más pequeños por agua, esto es, que cualquier acción que reduzca el tamaño de los poros más grandes, disminuye la cantidad de aire de los medios de crecimiento y aumentando la cantidad de agua retenida, que puede llegar a limitar el crecimiento de las plantas, esta situación se produce de manera inevitable durante el desarrollo del cultivo, como consecuencia del riego y las prácticas de manejo (Anicua-Sánchez et al., 2008). Los valores aceptables para la capacidad de aireación dependerán del tamaño de partícula y del fin para el que se requiera el medio de crecimiento, ya que son diferentes los requerimientos físicos del cultivo en maceta como es el caso de los ornamentales, la germinación y desarrollo de plántulas.

2.4. Criterios de elección de un sustrato

La elección de los sustratos depende de varios factores que afectan el crecimiento de la plántula, como pH, capacidad de intercambio catiónico, porosidad, salinidad y a factores operativos como costo, disponibilidad, uniformidad y facilidad de manejo (Villanueva et al., 1998).

Las características físicas deseables en un sustrato son elevada capacidad de retención de agua fácilmente disponible, esto en cuanto a los niveles hídricos considerados como óptimos en los sustratos: agua fácilmente disponible con valores 20 a 30 %, agua de reserva de 4 a 10 %, agua total disponible de 24 a 40 % y capacidad de aireación de 20 a 30 %, suficiente suministro de aire, granulometría que mantenga las condiciones antes mencionadas, baja densidad aparente, estructura estable, que impida la contracción del sustrato. En cuanto a las características químicas se requiere baja o suficiente capacidad de intercambio catiónico; en función de la fertilización aportada, suficiente nivel de nutrientes asimilables, baja salinidad, elevada capacidad tampón, pH ligeramente ácido y mínima velocidad de descomposición.

El paso decisivo para determinar si un material es adecuado para ser utilizado como sustrato es el estudio de las propiedades físicas; aun cuando se han reportado trabajos de investigación en México, en la mayoría no se realiza la caracterización de los materiales y en los que se hace, se observa gran variabilidad en los métodos empleados.

La mezcla de la mayoría de los materiales inertes con materiales orgánicos juega un papel importante en la obtención de buenas propiedades físicas y químicas, la materia orgánica es un componente activo y su incorporación con sustratos inorgánicos mejora el espacio poroso, incrementa la retención de humedad y capacidad de intercambio catiónico. Es por eso que la elección de la fuente orgánica, los materiales acompañantes, las proporciones de cada uno y el manejo posterior, constituyen aspectos esenciales en la conformación de los sustratos.

2.5. Métodos para la selección de sustratos

2.5.1. Ensayo y error

En México, al igual que en otros países, los sustratos se obtienen tradicionalmente por el método de ensayo y error, consistente en formular mezclas donde las proporciones de los materiales utilizados se establecen de manera arbitraria. Los componentes se mezclan en diferentes proporciones, y en el sustrato donde las plantas presenten el mejor desarrollo, constituye el más adecuado para la especie es el que se selecciona, sin ser necesariamente la óptima, y no se exploran todas las combinaciones posibles de los diversos materiales (Zamora et al., 2005). Sin embargo, esta forma de generar sustratos demanda mucho tiempo, recursos económicos y esfuerzo (Cruz-Crespo et al., 2010).

El tiempo requerido para la evaluación de las diferentes mezclas, el costo de los materiales y en ocasiones la búsqueda por optimizar recursos, son algunos de los aspectos que muestran la complejidad existente para la formulación de sustratos específicos por el número de variables involucradas.

Anicua-Sánchez et al. (2008) mencionan que este procedimiento empírico implica un número de mezclas extremadamente grande, similar a los análisis requeridos para su evaluación, antes de seleccionar la mezcla adecuada, algunos pueden tener éxito y otros no.

Hernández (2009) indica que es necesario realizar mayor investigación, sobre todo en mezclas de materiales para la preparación de sustratos, pues en general se desconoce el comportamiento de las propiedades resultado de estas mezclas. Las investigaciones realizadas han sido encaminadas al conocimiento de las propiedades físicas de sustratos en forma particular y en pocos casos se considera el tamaño de partícula; se ha trabajado con tamaños a granel y bajo el esquema de ensayo y error para la selección de mezclas de materiales.

2.5.2. Programación lineal

Zamora et al. (2005) emplearon el software BLP88 estableciendo variables de diseño (balance de volúmenes, materia orgánica, espacio poroso total y capacidad de aire) y variables finales para cada una de las propiedades de la mezcla diseñada. Concluyeron que es posible considerar a la programación lineal como un método factible para la formulación de mezclas de sustratos específicos, para permitir reducir el número de mezclas posibles en un porcentaje considerable en comparación con el método tradicionalmente empleado, de ensayo y error, además de permitir minimizar los costos de producción, maximizando resultados.

La programación lineal es una de las técnicas usadas a nivel experimental para la formulación de mezclas (Zamora et al., 2005). En este sentido, su uso es considerado como una herramienta valiosa para hacer eficiente el proceso de elaboración y evaluación de sustratos con base en las características físicas y químicas de los materiales con los cuales se constituirán. Consiste en utilizar básicamente el lenguaje de programa C, un programa que resulta en opciones de mezcla de materiales dentro de los rangos de las propiedades físicas y químicas establecidas para generar los sustratos ideales para el desarrollo adecuado de la plántula o material vegetativo que se desea cultivar o propagar. Esto permite ahorro en tiempo y sobre todo económico, en lo que concierne a la obtención mediante la optimización de creación de mezclas de sustratos. Por ello, es necesario realizar investigación en cuanto a la proporción exacta de materiales participantes en la formulación de sustratos, utilizando como herramienta el software BLP88 para la optimización.

2.6. Características de los sustratos

Gran parte del éxito en la producción de plantas en maceta o contenedor requiere de una comprensión del ambiente único encontrado en la maceta y cómo éste es afectado por las propiedades físicas y químicas de los sustratos utilizados. Cabrera (1995) indicó que idealmente, el sustrato debe presentar características físicas y químicas óptimas, complementadas con un buen manejo técnico para soportar un adecuado crecimiento de la plántula.

Las propiedades físicas son consideradas como las más importantes para un sustrato. Esto es debido a que si la estructura física de un sustrato es inadecuada, difícilmente se podrá mejorar una vez establecido el cultivo. En cambio, las propiedades químicas si pueden ser alteradas posterior al establecimiento del cultivo (Boodt, 1974; Ansorena, 1994; Cabrera, 2002).

Las propiedades físicas y químicas del sustrato o medio de cultivo, tienen efecto en la disponibilidad de agua, la nutrición y la capacidad de aireación, por ello, la selección de este es de suma importancia para obtener una óptima germinación y desarrollo de las plantas (Ayala-Sierra y Valdez-Aguilar, 2008).

Burés (1998) señala que de las características físicas y químicas del sustrato depende el manejo del riego y la fertilización, mientras Lemaire et al. (2003) indican que en la caracterización biológica se evalúa la estabilidad del material y la liberación de elementos o sustancias potencialmente dañinas para el cultivo.

2.6.1. Propiedades físicas de los sustratos

Las propiedades físicas que en mayor medida caracterizan a un buen sustrato, en cuanto a su aptitud para la germinación, el enraizamiento y el desarrollo de plantas, son las siguientes (Abad et al., 2005; López-Cuadrado y Masaguer, 2006): elevada capacidad de retención de agua fácilmente disponible, suficiente suministro de aire, distribución del tamaño de las partículas adecuado para mantener las condiciones anteriores, baja densidad aparente, elevada porosidad total y estructura estable que impida la contracción del sustrato.

2.6.1.1. Granulometría

Los sustratos suelen clasificarse desde el punto de vista de sus partículas integrantes en granulares, laminares y fibrosos. Sustratos granulares son los que tienen estructura suelta formada por partículas quasi-esféricas (Burés, 1997); la mayoría de los sustratos inorgánicos pertenece a este grupo. Las partículas de polvo de coco y la turba son fibrosas, mientras que la vermiculita presenta partículas laminares (Berrospe-Ochoa, 2010).

La granulometría de un sustrato es la distribución de partículas según su tamaño; en general, la porosidad aumenta a medida que lo hace el tamaño medio de partícula. (Quesada y Méndez, 2005). El tamaño de partícula del sustrato tiene importante efecto sobre sus características físicas, principalmente sobre la proporción humedad-aire (Ansorena, 1994; Vargas-Tapia, 2008b). La granulometría del sustrato determina el tamaño y distribución de los poros y la proporción agua aire y en consecuencia el régimen de riego y el desarrollo de las plantas (Vargas-Tapia et al., 2008b), es por ello, que el análisis granulométrico se ha considerado como una práctica importante en la caracterización de sustratos (Martínez, 1992; Burés, 1997; Carmona et al., 2003).

En cuanto al efecto del tamaño de partícula sobre la capacidad de aireación y el agua total disponible, se estudiaron sustratos preparados con diferentes proporciones de partículas menores de 1 mm de diámetro; se determinó que conforme se incrementa el porcentaje de partículas menores de 1 mm, la capacidad de aireación disminuye (Vargas-Tapia et al., 2008b).

- **Tamaño de las partículas: superficie específica**

  La fase sólida del sustrato puede presentar distintos tamaños de partícula. El tamaño de partícula se relaciona con la capacidad de retención de agua disponible para las plantas y de suministro, facilidad para la circulación del agua, capacidad de almacenar nutrientes y superficie específica de las partículas.

  La elevada área superficial por unidad de peso (superficie específica) es una propiedad característica de las partículas pequeñas. La superficie específica varía de forma inversamente proporcional al tamaño de las partículas.

- **Distribución del tamaño de poro**

El volumen de fases líquida y gaseosa, o el de esta última si el sustrato está seco, definen la porosidad o el espacio de poros. La porosidad de un medio de cultivo es el porcentaje de su volumen que no se encuentra ocupado por fase sólida, es decir, el cociente entre el volumen de poros y el volumen total que el medio ocupa en el contenedor. También se denomina espacio poroso total (EPT) o cantidad total de poros (Masaguer y Cruz, 2007).

El espacio poroso de un sustrato está constituido por los espacios huecos (poros) dejados por la fase sólida. La forma, tamaño y distribución de los poros condiciona las propiedades hídricas del sustrato, y por lo tanto, el manejo del agua de riego. En ocasiones, esta fase sólida tiene una forma propia, es el caso de las fibras minerales aglomeradas con una resina (lana de roca) o el caso de las espumas sintéticas. En ellas, el espacio poroso está constituido por los poros que deja la propia estructura sólida en su interior. Lo más usual es que la fase sólida esté constituida por partículas sueltas de tamaño variable y, en general, con una estructura interna determinada. Las partículas pueden ser de forma granular (cortezas) o fibrosa (turba). La estructura propia de las partículas granulares pueden en su interior formar estructuras celulares, que a su vez pueden estar o no comunicadas con el exterior de la partícula. Cuando las partículas son fibrosas, la posibilidad de encontrar estructuras celulares en su interior se reduce considerablemente (Terés, 2001).

En el caso de sustratos constituidos por partículas, el espacio poroso está formado por los espacios interparticulares conformados por la superposición de dichas partículas y, en su caso, la distribución del tamaño de las partículas y de los poros determina el balance entre el contenido en agua y en aire del sustrato, a cualquier nivel de humedad (Bunt, 1988; Ansorena, 1994).

La distribución del tamaño de partícula de los sustratos se expresa frecuentemente como un único parámetro: el Índice de Grosor. Este índice se define como el porcentaje acumulado (en peso o en volumen) de partículas con diámetro superior a 1 mm, y suele estar bien correlacionado con la porosidad de aire y la capacidad de retención de agua, las características hidrofísicas del sustrato (Ansorena, 1994).

- **Relaciones aire-agua**

Vence (2008) menciona que las propiedades físicas de los sustratos especialmente las relacionadas con la disponibilidad de agua-aire para las raíces de las plantas son las más importantes dentro del estudio de estos materiales usados en cultivos en contenedores. Para un óptimo crecimiento de la planta un sustrato debe contener suficiente cantidad de agua y aire, y ambos estar disponibles.

Las relaciones aire-agua en el sustrato son consecuencia directa de la distribución del tamaño de poro. Las metodologías actuales definen distintos parámetros para describir la distribución de aire y agua en el medio poroso.

- **Efecto de las partículas gruesas**

Masaguer y Cruz (2007) menciona que los elementos gruesos presentan poca actividad, su superficie específica es baja y suelen ser resistentes a la descomposición. Estos materiales inciden sobre el comportamiento del sustrato y, por lo tanto, en el crecimiento de las plantas, sobre todo cuando su proporción es grande. Un predominio de elementos gruesos en un sustrato actúa como un tamiz frente al agua, a la que no es capaz de retener y, por otro lado, presenta escasas posibilidades para el suministro de nutrientes. Ansorena (1994) menciona que como características de las partículas gruesas se pueden destacar, en comparación con las partículas pequeñas, el aumento de la permeabilidad si se encuentran en proporción suficiente, si son porosas, retienen la humedad, presentan una elevada macro porosidad, pero menor almacenamiento de humedad, de cantidad de nutrientes asimilables, de energía de retención de agua y de menor capacidad de agua fácilmente disponible.

- **Efecto de las partículas pequeñas**

La presencia de partículas muy pequeñas provoca la disminución de la porosidad total y aumenta la cantidad de agua retenida, pues crece el número de microporos o huecos pequeños, que son los que retienen el agua. También se reducirá la porosidad ocupada por el aire, al disminuir el volumen de los huecos entre partículas o macroporos, que son los de mayor tamaño. Masaguer y Cruz (2007) menciona que entre las principales características destacan: capacidad de agua fácilmente disponible de media a alta, alta superficie específica, baja permeabilidad, alta micro porosidad, elevada energía de retención de humedad.

- **Efecto de los materiales fibrosos**

Los materiales fibrosos se emplean como componentes de sustratos de cultivo y su tamaño no está bien estandarizado. Una característica importante es su elasticidad. Sus características dependen de su origen. En sustratos de cortezas de árboles y similares, la granulometría suele depender del grado de molienda del material original, si no es suficiente, el sustrato presentará escasa retención de agua y, con trituración excesiva, poca aireación (Lemaire, 1989).

2.6.1.2. Porosidad total

La porosidad o espacio poroso total es el espacio de aire y agua que no está ocupado por partículas orgánicas o minerales, se determina a partir de la densidad real y aparente. Cabrera (1999) y Ansorena (1994) indican que la porosidad de aireación es probablemente la propiedad física más importante de los sustratos empleados en la horticultura, contribuye positivamente en la germinación de semillas y favorece especialmente a las plántulas desarrolladas en contenedores pequeños, donde el crecimiento es rápido, las demandas son altas y el espacio disponible es reducido. Ansorena (1994) menciona también que cuando las partículas tienen un tamaño inferior a 1 mm, se verifica un descenso en la porosidad total, pudiéndose inferir como resultado de las prácticas de acondicionamiento de algunos materiales reducen el tamaño de las partículas y consecuentemente la porosidad total. Varios autores indican como valor óptimo cuando es superior al 80 % (Ansorena, 1994; García et al., 2001). Para el caso de porosidad de aireación, Bracho et al. (2009) citan que no existe uniformidad de criterios; algunos sitúan el rango óptimo entre 10 y 30 % (Pastor, 2000; García et al., 2001). Ansorena (1994) señala que el rango debería ubicarse entre 10-20 %, mientras que Jiménez y Caballero (1990) indican como valor mínimo el 20 % del volumen total, y mencionan que existe mayor concentración de dióxido de carbono que de oxígeno en la fase gaseosa del sustrato; en consecuencia, la porosidad de aireación debe garantizar un adecuado intercambio de gases. Deficiencias de oxígeno impiden la respiración adecuada de las plantas, limitando seriamente la absorción de agua y nutrientes (Bracho et al., 2009).

2.6.1.3. Densidad real

La densidad real o de partículas es la relación entre la masa de las partículas del sustrato y el volumen de sólidos, es decir, sin considerar los poros y huecos (Martínez, 1992; Ansorena, 1994). Este valor es propio del material y, a diferencia de la densidad aparente, es independiente del grado de compactación y del tamaño de partículas (Ansorena, 1994).

2.6.1.4. Densidad aparente

La densidad aparente (Da) se define como la relación entre la masa o peso de las partículas y el volumen aparente que éstas ocupan, es decir, incluyendo al espacio poroso total existente entre las mismas. El volumen aparente es el volumen ocupado por un sustrato considerando materiales sólidos y los poros internos y externos, tanto abiertos como cerrados; se expresa generalmente en g cm^{-3}.

La densidad aparente tiene relación directa con la porosidad del material, es decir, si se ejerce una presión sobre un sustrato, disminuirá el volumen de poros; al disminuir el volumen total, aumenta la densidad aparente (Ansorena, 1994). La reducción del tamaño de poros, producida por la compactación del sustrato, hace que disminuya la porosidad ocupada por aire y aumente la retención de agua.

Hernández (2009) indica que valores altos de densidad aparente implican un incremento en el peso del sustrato y disminución de la porosidad y volumen de aire; mientras que bajas densidades son causa de excesiva aireación y disminución de la cantidad de agua disponible para las plantas.

El conocimiento de la densidad aparente es importante, no sólo porque permite calcular la porosidad, sino que además, proporciona por sí mismo diversa información útil: cantidad de sólido contenido en un volumen de sustrato comprado a granel, preparación de mezclas, ejecución del análisis químico con base en volumen, entre otros (Ansorena, 1994).

2.6.1.5. Capacidad de retención de agua

La propiedad física capacidad de absorción de agua (CAA) ayuda a que las plántulas se mantengan con humedad disponible mayor tiempo; cuando la CAA es baja se requiere aplicar mayor número de riegos (Ortega-Martínez et al., 2010).

Otras propiedades de los sustratos a considerar son las siguientes: ausencia de semillas de malas hierbas, nematodos, hongos, otros patógenos y sustancias fitotóxicas, reproducibilidad, disponibilidad y bajo costo, fácil de manejar, re-humectar, desinfectar y resistencia a cambios físicos, químicos y ambientales extremos.

2.7. Descripción de los materiales utilizados para la elaboración de los sustratos

La mayoría de los sustratos usados en la producción de plantas de contenedor consisten en una combinación de componentes orgánicos e inorgánicos. Algunos de los materiales inorgánicos comunes incluyen arena, vermiculita, perlita, arcilla calcinada, piedra pómez y otros subproductos minerales. Por otro lado, los componentes orgánicos más populares incluyen: turba (peat moss), productos de madera (corteza, aserrín, virutas), composta de materia orgánica o desechos de jardinería, polvo de coco, lodos de depuradora, estiércol, paja, cascarilla de arroz y de cacahuate, entre otros (Cabrera, 2002).

2.7.1. Turba

Uno de los materiales más ampliamente utilizado como sustrato para la producción de plántula es la turba (peat moss). Es un material orgánico formado por la descomposición lenta de vegetales, que se extrae de depósitos de restos de vegetación acuática, pantanosa o de ciénega, que se encuentra en regiones pantanosas con exceso de humedad y deficiencia de oxigenación (Berrospe-Ochoa, 2010). Uno de los principales elementos que lo integran son los restos parcialmente descompuestos de musgo del género *Sphagnum* (Ansorena, 1994) además de juncos y juncias; se encuentra principalmente en zonas pantanosas de Canadá, norte de Europa y Rusia (Flores-Almaraz et al., 2008); difícilmente renovable, proveniente de la deposición natural de los residuos vegetales que caen sobre el suelo, descomponiéndose lentamente durante cientos de años.

Se reconocen tres tipos de turba de acuerdo con las especies vegetales y las condiciones ecológicas en las que se descomponga: a) bajo, es de agua estancada con carrizos, cañas, sauces y otros; b) alto, de regiones situadas a elevada altitud y clima frío, con alta precipitación, con una gran proporción de musgo, siendo los más utilizados en la horticultura y c) medianos, desarrollados en condiciones intermedias a las condiciones anteriores (Berrospe-Ochoa, 2010).

La turba provee de características óptimas como medio de crecimiento para las plantas, por ello ha sido explotado de forma comercial especialmente por los países de clima templado (Arenas et al., 2002). Al ser un material importado su precio se eleva con relación a otros materiales. Se deben buscar alternativas al uso indiscriminado de los recursos naturales y para disminuir los volúmenes de importación de sustratos como la turba. Aunque se reconoce su calidad, genera un alto costo en el proceso productivo, esto constituye una oportunidad para realizar investigación y generar sustratos a base de desechos orgánicos que igualen o superen la calidad de la turba y sobre todo utilizando la tecnología disponible para obtener las mezclas "ideales" para alcanzar este objetivo. En México existen materiales alternativos con propiedades físicas y químicas para sustituir a la turba, tal es el caso del polvo de coco, entre cuyas ventajas destaca su amplia disponibilidad en México y adecuadas propiedades físicas y químicas (Noguera et al., 2003).

2.7.2. Polvo de coco

Este material se obtiene del proceso industrial del tejido del mesocarpio o cáscara del fruto del coco (*Cocos nucifera* L.), que se cultiva en regiones tropicales, ocupando Indonesia el primer lugar en el mundo con 18,300,000 t, 28 % del volumen mundial en producción de copra. Otros países productores son Sri Lanka, India, Filipinas, Costa Rica y Guyana (Konduru et al., 1999). México es el noveno productor con 202,684 t, aportando 1.6 % a la producción mundial. Los principales estados productores son Guerrero, Colima, Tabasco, Oaxaca, Michoacán y Jalisco (SIAP, 2015).

La fibra se obtiene como un subproducto de la industria coprera. La calidad del material depende del país en donde se produce, pero se ha demostrado en general que sus características físicas y químicas son óptimas para su uso en la horticultura. Dependiendo de la región productora y del método de extracción, generalmente está integrada en proporciones entre 2-13 % de fibras cortas (<2 mm) y el resto de partículas de tamaño similar a granulados y polvo fino.

El polvo de coco se comercializa como ladrillos comprimidos (de 10, 24 y 150 L) que se rehidratan posteriormente en campo, o en sacos de polvo de coco de 150 L, listos para utilizarse de manera directa.

La estructura del tejido del mesocarpio del coco le confiere alta superficie de contacto, por lo tanto, tiene alta capacidad de intercambio de líquidos y gases. Cuando se extrae es de color claro y va oscureciéndose con el tiempo hasta tomar un color café chocolate.

El polvo de coco es altamente higroscópico, tiene una capacidad de retención de agua de hasta cuatro veces su peso, un pH ligeramente ácido (6.3 a 6.5) y una densidad aparente de 0.2 g cm^{-3}, su porosidad es bastante buena. Sin embargo, la salinidad y variabilidad son dos de los principales problemas de este sustrato, atribuidos al proceso de molienda o desfibrado y a su origen (Vargas-Tapia et al., 2008a) y siempre debe determinarse el pH y conductividad eléctrica, ya que en ocasiones debe ser lavada antes de su uso. Siendo México uno de los principales productores de este sustrato, existen pocos trabajos relacionados con la caracterización física y química; en su mayoría se le ha dado mayor importancia a los aspectos agronómicos, teniendo como consecuencia un manejo empírico de estos materiales por parte de los usuarios (Vargas-Tapia et al., 2008a).

En México, para producir plántulas se utilizan como sustratos principales el polvo de coco y la turba (Muratalla-Lúa et al., 2006). Existe la posibilidad de utilizarla fertilizada, en mezcla con otros materiales en cualquier proporción y grado de fertilización, según las necesidades de producción.

Una vez que se ha finalizado el cultivo y por tener carácter orgánico, se puede reintegrar en el medio ambiente sin ocasionar impacto negativo. El agua en el polvo de coco tiene una gran inercia térmica, lo cual logra mantener una temperatura constante durante todo el día y todo el año. Se utiliza en mezclas para aumentar la eficiencia del uso del agua y la nutrición. Tiene la posibilidad de sustituir a la turba, lana de roca, la perlita y el aserrín en cultivos hidropónicos de hortalizas y flores.

2.7.3. Vermiculita

La vermiculita natural es un mineral cuya composición es la de un silicato hidratado de magnesio, tiene una estructura trilaminar con moléculas de agua situadas entre las láminas que al ser calentadas de un modo rápido a temperaturas de 1000 °C, pasa a vapor de manera que el incremento de presión hace que las láminas se expandan en dirección perpendicular a los planos de laminación, separando las láminas como un acordeón, con células de aire en su interior, resultando un grueso final que puede ser de más de 20 veces el del mineral original. Posee alta capacidad de intercambio catiónico, lo que hace posible utilizar este material solo, como sustituto de los materiales orgánicos. Presenta pH neutro; sin embargo, debido a la presencia de impurezas procedentes de rocas carbonatadas la reacción normalmente es alcalina, de 7 a 9. Se considera un material estéril y para reutilizarla puede ser esterilizada con calor (Burés, 1997).

Existen diversos tamaños y densidades, destinándose generalmente a la horticultura los tipos de 1 a 4 mm, tiene gran capacidad de retener agua dentro de los espacios interlaminares y también entre las partículas individuales. Es un material muy ligero y adsorbe gran cantidad de nutrientes.

Su principal inconveniente radica en que se comprime muy fácilmente, tendiendo a colapsarse y disgregarse perdiendo su estructura, situación no deseable para cultivos de ciclo largo, no así para la producción de plántulas.

CAPÍTULO 3

MATERIALES Y MÉTODOS

3.1. Localización

La determinación de las propiedades físicas de los sustratos se realizó en el laboratorio de docencia de la Facultad de Ciencias Agropecuarias en la Universidad Autónoma del Estado de Morelos.

3.2. Obtención de sustratos

Burés (1997) postuló la premisa de que es posible reconstruir un sustrato de características determinadas a partir de fracciones granulométricas conocidas; es decir, si se tamizan las distintas fracciones que componen un sustrato y se conocen los materiales integrantes, a partir de fracciones de éstos es posible generar un sustrato igual al original. Considerando lo anterior y con la finalidad de generar un sustrato con características similares a una de las mezclas comerciales más usadas por los especialistas en producción de plántula, se utilizaron dos componentes en la elaboración de los sustratos: polvo de coco y vermiculita. Se evaluaron las características físicas de la mezcla comercial y de cada uno de estos componentes: granulometría, porosidad total (%), la porosidad de aireación (%), densidad real (g cm^3), densidad aparente (g cm^{-3}) y capacidad de retención de agua (%)

3.3. Caracterización física del sustrato comercial

Se consideró el sustrato comercial Sunshine3® como referencia debido a que es el utilizado por una de las empresas líder en la producción de plántula en el estado de Morelos.

Para la caracterización física del sustrato, se llevaron a cabo las actividades descritas a continuación.

3.3.1. Toma de muestra

Debido a la heterogeneidad de los materiales en cuanto a su granulometría, naturaleza y composición, no es suficiente tomar la muestra en uno o dos puntos de la superficie del saco, es necesario realizarlo en diferentes puntos. Se recomienda extraer el material del saco, vaciarlo en un recipiente de plástico, mezclando de manera homogénea, y tomar muestras hasta obtener un volumen total de diez litros, que es lo recomendado para análisis físicos y químicos normales. Debe tomarse la precaución de no ejercer demasiada presión para acceder hasta la base, ya que el efecto de compresión puede modificar las propiedades físicas.

3.3.2. Secado del sustrato

El secado se realizó con el propósito de facilitar el manejo de la muestra, mejorar la homogeneización y disminuir los cambios físico-químicos.

El sustrato se secó a temperatura ambiental extendiéndolo sobre una superficie no contaminante. En este caso se colocó en charolas de plástico, con una profundidad de 2 cm, colocada a la sombra, expuesta al ambiente pero protegida de la radiación solar directa (Figura 1).

Otra alternativa para el secado del sustrato, no usada en esta investigación, consiste someter el material a temperatura de 105 °C en una estufa de convección forzada de aire, en tiempo variable en función de la naturaleza química del material, hasta peso constante.

Figura 1. Secado del sustrato Sunshine3[R] en charolas plásticas.

3.3.3. Determinación granulométrica

La granulometría del sustrato se determinó utilizando una batería de tamices de acero inoxidable de 200 mm de diámetro ordenados en secuencia de 4.0, 2.0, 1.0, 0.500, 0.250 y 0.125 mm, colocados sobre un agitador para tamices portátil (RX-812, Tyler). La cantidad de 100 g de muestra seca se depositó en el tamiz de 4.0 mm, una vez formada la batería de tamices, a continuación se accionó el agitador y se dejó funcionando por un periodo de 10 min. Posteriormente, el contenido de cada tamiz y del colector de fondo se pesó en una balanza (PA-1502, OHAUS) con precisión de 0.01 g sobre papel filtro previamente tarado. El filtro facilitó la captación del material tamizado y evitó su perdida por dispersión. Se utilizó una brocha para desprender las partículas de cada tamiz y del colector de fondo. El peso del sustrato de cada uno de los tamices se expresó en porcentaje con relación al peso inicial. La pérdida de material se incorporó a la fracción más fina, correspondiente al colector de fondo, la cual no superó 2 % del total (Figura 2).

Figura 2. Determinación granulométrica del sustrato. a) Obtención de 100 g de sustrato seco; b) Batería de tamices; c) Recolección del sustrato por tamiz; d) Determinación del peso del sustrato por tamiz.

3.3.4. Determinación de las características físicas

Para la determinación de la porosidad total, porosidad de aireación, capacidad de retención de agua, densidad aparente y densidad de partículas se utilizó la metodología propuesta por la Universidad de Florida (Dilger, 1998) y la Sociedad Internacional de Ciencias Hortícolas, Gabriels et al. (1991), Fonteno (1993) y Ansorena (1994), modificada por Pire y Pereira (2003), porque reportan coeficientes de variación menores de 8 % en los valores promedio de cada una de las características físicas señaladas, obtenidas con el uso de porómetros. En otras metodologías no se reportan datos que confirmen su confiabilidad.

Los porómetros usados en la presente investigación se elaboraron con secciones de tubo de PVC de 7.62 cm de diámetro (3 pulgadas) y 15 cm de longitud. En la base de estos, se realizaron cuatro orificios en forma equidistante a lo largo de su borde perimetral. El uso del dispositivo es en forma vertical con la tapa perforada hacia el fondo (Figura 3).

El volumen de cada porómetro se determinó por el método de la probeta (1 L) y utilizando agua de la llave. Un volumen conocido (1000 mL) de agua se vertió en cada porómetro hasta el límite superior del mismo, sin derramar el líquido. La diferencia entre el volumen inicial del agua y el agua remanente en la pro-

Figura 3. Porómetros utilizados para la determinación de las propiedades físicas de los sustratos.

beta fue el volumen del porómetro. Todos los dispositivos tuvieron 770 mL de capacidad.

Para la obtención de las muestras de evaluación, después de que el sustrato Sunshine3® se colocó en charolas plásticas y se expuso a temperatura ambiental, protegido de la radiación directa durante varios días para permitir su secado, se colocó sobre una superficie limpia y se le dio forma de disco, se dividió en cuatro partes y se desecharon dos opuestas. Las dos fracciones sobrantes se revolvieron y se repitió el proceso hasta obtener el volumen necesario para llenar completamente cinco porómetros (Figura 4).

Para llenar completamente los porómetros y uniformizar el espacio poroso del sustrato, el dispositivo se dejó caer en dos oportunidades desde 7.5 cm de altura. Esto se logró pegando con cinta adhesiva una regla de 15 cm por uno de los costados de una tabla de madera. En cada oportunidad, el porómetro se rellenó con sustrato hasta el ras de su borde superior (Figura 5).

Posteriormente, el porómetro se colocó en un recipiente para que el agua desplazara lentamente el aire contenido en el sustrato. El derrame del material se evitó colocando una tela porosa (cuadrillé) en la parte superior del dispositivo, asegu-

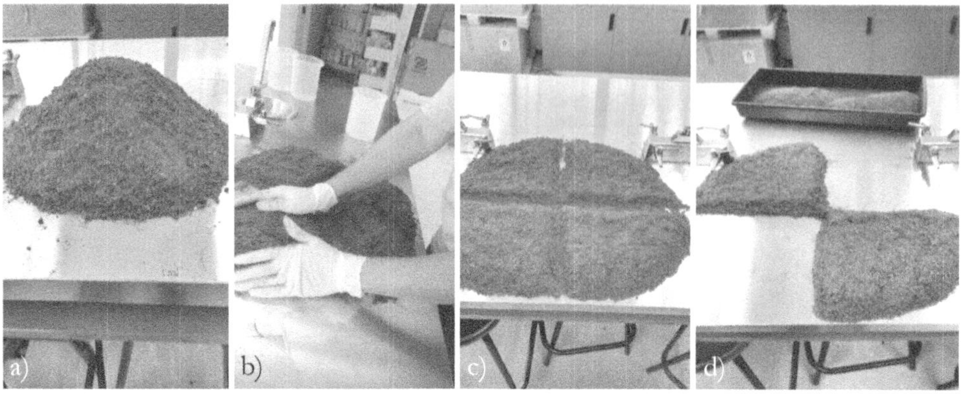

Figura 4. Toma de muestra por el método del cuarteo. a) Sustrato seco listo para evaluar; b) Formación del disco; c) División del disco en cuatro partes; d) Eliminación de dos partes opuestas.

Figura 5. Llenado del porómetro con sustrato.

rada con una banda plástica. También se puso un vaso de precipitado sobre los porómetros para mantenerlos en posición vertical durante las 24 h que duró el proceso de saturación. En este caso el nivel del agua no rebasó el límite superior del porómetro (Figura 6).

Después de las 24 h de saturación, los porómetros se sumergieron por completo durante 5 min. Transcurrido el tiempo, cada dispositivo se sacó 30 segundos

Figura 6. Saturación del sustrato por 24 h. El nivel del agua no rebasa el borde superior de los porómetros.

del agua, cuidando que el líquido quedara al nivel del sustrato, y se volvió a sumergir 30 segundos. Este proceso se realizó tres veces. Por último, el dispositivo se dejó completamente sumergido en agua por otros 30 min. Después de este el tiempo, se colocaron tapones en las perforaciones basales estando el porómetro completamente sumergido con la finalidad de evitar la salida del agua de saturación.

Al extraer los porómetros del agua se colocaron verticalmente sobre una rejilla, bajo la cual se pusieron previamente vasos de precipitado de plástico de 600 mL de capacidad. Se removieron cuidadosamente los tapones de los porómetros con la finalidad de colectar el agua de saturación de cada sustrato en los vasos de precipitado. Una vez que dejó de lixiviar, esto ocurrió en un periodo aproximado 30 min para asegurar el total drenaje, se procedió a medir el volumen de agua drenado (Va) vaciando el contenido de los vasos de precipitado en probetas de 100 mL. El sustrato húmedo se extrajo de cada porómetro, vaciándolo en un vaso de precipitado de cristal de 1 L tarado en balanza de precisión de 0.01 g, y se registró el peso húmedo (PH) de cada uno; posteriormente se colocaron las muestras en estufa de secado de convección forzada de aire (Daigger), programado a 105 °C, verificando el peso cada 24 h hasta obtener peso constante, procediendo a registrar el seco (PS) de cada muestra (Figura 7).

Figura 7. Determinación del peso húmedo (a) y peso seco (b) de la mezcla comercial Sunshine3[R].

Para determinar las propiedades físicas de la muestra, se realizaron los siguientes cálculos:

$$\text{Porosidad total (\%)} = \frac{Va + \frac{PH - PS}{Pa}}{Vc} \times 100$$

$$\text{Porosidad de aireación (\%)} = \frac{Va}{Vc} \times 100$$

$$\text{Capacidad de retención de agua (\%)} = \frac{PH - PS}{Vc} \times 100$$

$$\text{Densidad aparente } (Mg \times m^{-3}) = \frac{PS}{Vc}$$

$$\text{Densidad de partículas } (Mg \times m^{-3}) = \frac{Da}{1 - \frac{PT}{100}}$$

Donde:

Va = volumen de agua drenado (cm^3)
PH = peso húmedo de la muestra (g)
PS = Peso seco de la muestra (g)
Pa = Peso específico del agua (1 g cm^{-3})
Vc = Volumen del porómetro (cm^3)

3.3.5. Preparación de materiales para la generación de sustratos

Para obtener las granulometrías adecuadas para formular las mezclas, se inició con el tamizado de polvo de coco y vermiculita, procediendo a realizar la toma de muestras y su secado con el mismo procedimiento aplicado al sustrato Sunshine3®, vaciando el contenido del bulto en un recipiente plástico y mezclando; en el caso del polvo de coco se retiraron manualmente las impurezas más grandes como los trozos de cáscara de coco y fibras largas.

Los materiales se colocaron en las charolas plásticas para su secado al ambiente y protegidos de la radiación directa. Las muestras secas se depositaron en el tamiz de 4 mm, una vez formada la batería de tamices con las aberturas siguientes: 4.0, 2.0, 1.0, 0.5, 0.250 y 0.125 mm. La agitadora de tamices se dejó funcionando durante 10 min.

Conforme se realizó el tamizado de los materiales, se reservaron en contenedores de plástico separando cada fracción granulométrica (Figura 8). Una vez concluido este proceso se procedió a realizar la mezcla con partes proporcionales de los diferentes rangos de granulometría de acuerdo con los resultados obtenidos de la mezcla comercial Sunshine3®, esto fue en volumen; se utilizaron vasos de precipitado de cristal para medir cada fracción granulométrica. Se colocaron en una bolsa de plástico de 50 L las fracciones granulométricas proporcionales de cada material por separado, mezclando en todas direcciones de manera homogénea, procediendo a la caracterización física de las mezclas con el mismo procedimiento citado con anterioridad.

Las granulometrías utilizadas para el polvo de coco fueron las comprendidas entre 0.250 y 4.0 mm; mientras que para la vermiculita fueron entre 0.250 y 2.0 mm.

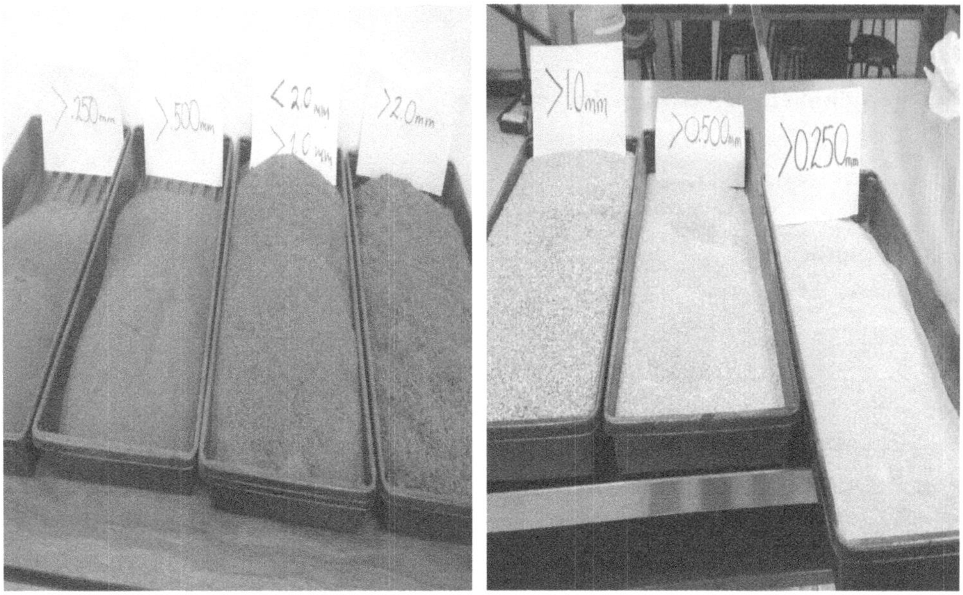

Figura 8. Fracciones granulométricas de polvo de coco y vermiculita, obtenidas por tamizado.

3.3.6. Caracterización física de los materiales

La caracterización física del polvo de coco y vermiculita en las fracciones granulométricas se realizó de acuerdo con el procedimiento citado en el apartado correspondiente a la caracterización del sustrato Sunshine3®. Los datos obtenidos se ingresaron al algoritmo de optimización

3.3.7. Preparación de mezclas

Se procedió a realizar las tres mezclas seleccionadas de las 11 que generó el algoritmo de optimización con base en las "características deseables", midiendo en volumen las cantidades a mezclar; para ello se utilizaron vasos de precipitado de cristal con volumen de 1 L (Figura 9). Las diferentes proporciones de los componentes se vertieron en una bolsa de plástico de 50 L, cerrando el extremo superior de la bolsa, dejando aire dentro de la misma y revolviendo lo más homogéneo posible, con movimientos circulares en dirección de izquierda a derecha y viceversa; así como de arriba abajo (Figura 10).

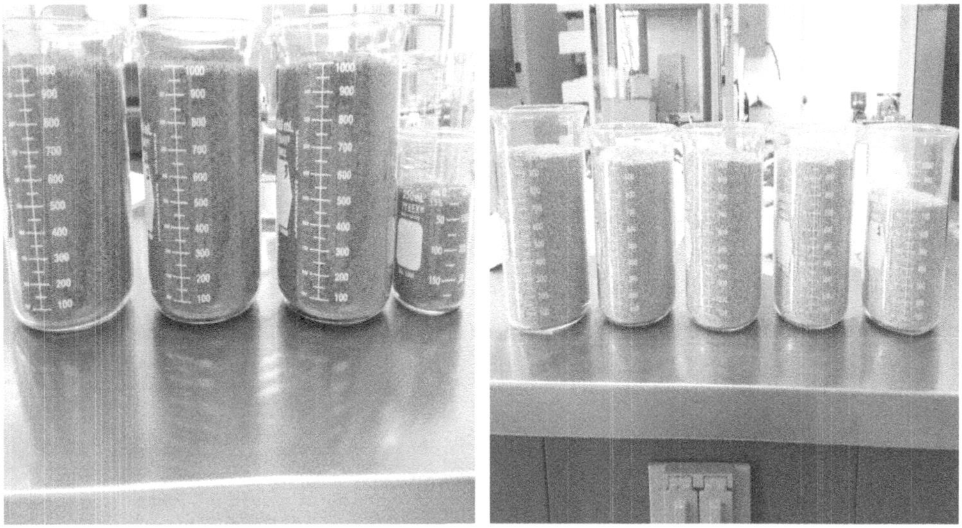

Figura 9. Preparación de mezclas.

Figura 10. Homogenizado de mezclas.

3.3.8. Caracterización física de las mezclas

Realizadas las mezclas, nuevamente se determinaron las propiedades físicas; puesto que la mezcla de dos o más componentes por lo general produce interacciones que alteran las propiedades físicas de la mezcla final y es posible que no sean la media óptima de las propiedades de los ingredientes (Cabrera, 2002).

Esto se llevó a efecto repitiendo el procedimiento citado anteriormente para la determinación de las características físicas, desde el llenado uniforme de los porómetros hasta obtener el peso seco de las mezclas.

Capítulo 4

RESULTADOS Y DISCUSIÓN

4.1. Caracterización física de la mezcla comercial Sunshine3®

La caracterización física de la mezcla comercial Sunshine3® (Cuadro 1) mostró una porosidad total de 84.11 %. Berrospe-Ochoa et al. (2012) reportaron 88.8 % y Quesada y Méndez (2005b) 81.82 %; los tres valores están dentro del rango reportado como óptimo por Cabrera (2002) quien menciona valores entre 70 y 85 %, mayor de 85 % por Pastor (2000) y entre 60 y 80 % según García et al. (2001). Por su parte, Burés (1997) considera que la porosidad de las turbas es muy elevada, llegando hasta el 95 % en volumen, que concuerda con Flores-Almaraz et al. (2008) quien reportó 96.3 %. Otros autores como Puerta et al. (2012) encontraron valores de 73.57 % y Bracho et al. (2009) 75.4 %.

En el caso de la porosidad de aireación, la mezcla comercial Sunshine3® indicó 14.59 % encontrándose dentro del rango considerado como óptimo por Ansorena (1994) y Cabrera (2002) quienes lo ubican entre 10-20 % y Pastor (2000) de 10-30 %. Otros autores como Flores-Almaraz et al. (2008), Bracho et al. (2009) y Puerta et al. (2012) reportaron valores para esta característica de 12.6 %, 11.77 % y 7.45 %, respectivamente.

En cuanto a la capacidad de retención de agua, el sustrato Sunshine3® tuvo 69.53 %, similar a lo reportado por Bracho et al. (2009) quien indicó un valor de

Material	Porosidad total (%)	Porosidad de aireación (%)	Capacidad de retención de agua (%)	Densidad aparente ($g \cdot cm^{-3}$)	Densidad de partículas ($g \cdot cm^{-3}$)
Mezcla comercial Sunshine 3®	84.11	14.59	69.53	0.107	0.678

Cuadro 1. Características físicas del sustrato Sunshine3[R].

63.65 % y por Puerta et al. (2012) con 66.12 %. Dichos valores son considerados óptimos de acuerdo con Cabrera (2002) quien mencionó el intervalo recomendable de 55 a 70 %, mientras que Ansorena, (1994) reportó valores aceptables entre 40 a 60 %. Flores-Almaraz et al. (2008) indicó para esta característica 83.6 %, superior a los valores anteriores.

La densidad aparente fue de 0.107 $g \cdot cm^{-3}$ similar a lo encontrado por Bracho et al. (2009) con 0.106 $g \cdot cm^{-3}$, que difiere de lo reportado por Flores-Almaraz et al. (2008) de 0.125 $g \cdot cm^{-3}$ y Puerta et al. (2012) con 0.072 $g \cdot cm^{-3}$.

En densidad de partículas se obtuvo 0.678 $g \cdot cm^{-3}$ que difiere de lo indicado por Bracho et al. (2009) con 0.42 $g \cdot cm^{-3}$ y Puerta et al. (2012) con 0.272 $g \cdot cm^{-3}$, al igual que con Flores-Almaraz et al. (2008) con 0.361 $g \cdot cm^{-3}$.

4.2. Determinación granulométrica de la mezcla comercial Sunshine3®

Generalmente se considera que las partículas que pasan a través de un tamiz tienen un tamaño medio igual a la media aritmética de la abertura de malla. Esto es verdad para partículas esféricas con distribución normal. En los sustratos, las partículas pueden tener formas muy distintas a la esfera, siendo sus dimensiones menores a las que determinan que una partícula pase a través de un tamiz, en consecuencia, las partículas fibrosas pueden atravesar tamices de malla muy inferior a la longitud de partículas (Burés, 1997).

Los resultados del análisis granulométrico del sustrato Sunshine3® se presentan en el Cuadro 2.

Diámetro de partícula (mm)						
< 0.125 (%)	≥ 0.125 < 0.250 (%)	≥ 0.250 < 0.500 (%)	≥ 0.500 < 1.00 (%)	≥ 1.00 < 2.00 (%)	≥ 2.00 < 4.00 (%)	≥ 4.00 (%)
3.82	6.40	8.32	32.62	27.83	18.74	2.28

Cuadro 2. Análisis granulométrico del sustrato Sunshine3®.

El mayor porcentaje de partículas se registró entre el tamiz de 0.500 a 1.00 mm, seguido del tamiz entre 1.00 a 2.00 mm y de 2.00 a 4.00 mm con 32.62, 27.83 y 18.74 %, respectivamente. Los tamices con menor porcentaje fueron los de menor a 0.125 mm, así como mayor a 4.00 mm con 3.82 y 2.28 % (Cuadro 2).

Anicua-Sánchez et al. (2008) reportaron para turba 27 % de partículas menores a 0.250 mm, 0.62 % para 0.250 mm, 13 % para 0.500 mm, 8 % en 1.00 mm, 8 % en 2.00 mm y 44 % en el tamiz con abertura mayor a 3.36 mm. Berrospe-Ochoa et al. (2012) reportaron para la fracción granulométrica de 0.500 mm 23 %, para 1.00 mm 20 % y para 2.00 mm 18 %; resultados similares a los encontrados en este trabajo.

La turba desde el punto de vista físico suele ser un material poco homogéneo, puesto que presenta una composición botánica variable (pequeñas ramas y troncos, fibras, gránulos, etc.). Los tamaños de sus partículas son variables, siendo problemática la determinación de la granulometría puesto que las fibras atraviesan los tamices longitudinalmente y porque las fibras y agregados se fraccionan mediante la vibración que tiene lugar durante el tamizado.

Una vez obtenidos los resultados, se consideró la granulometría entre 0.250 mm a 4.0 mm al representar el 87.51 % del total de la muestra. En el caso del polvo de coco se desechó el material con granulometría mayor de 4.0 mm y menor de 0.250 mm, y para la vermiculita se utilizaron únicamente las fracciones granulométricas menores de 2.0 mm y mayores de 0.250 mm.

4.3. Caracterización física de los componentes participantes en las mezclas

Los resultados del Cuadro 3 corresponden a la caracterización física de la mezcla realizada con las diferentes fracciones granulométricas seleccionadas.

Los resultados obtenidos para polvo de coco en cuanto a la porosidad total son semejantes a los reportados por Pire y Pereira (2003) con 78.7 %, Bracho et al. (2009) con 76.26 % y muy cercano a lo encontrado por Quesada y Méndez (2005b) con 84.42 %.

Para porosidad de aireación, se obtuvo 18.40 %, semejante a lo reportado por Bracho et al. (2009) con 20.53 %.

En cuanto a capacidad de retención de agua, fue de 60.62 %, mientras que Bracho et al. (2009) reportaron 55.73 % y Pire y Pereira (2003) indicaron 70.1 % en sus resultados.

Para densidad aparente se encontró 0.071 $g \cdot cm^{-3}$ semejante a lo reportado por Pire y Pereira (2003) de 0.097 $g \cdot cm^{-3}$, Bracho et al. (2009) con 0.06 $g \cdot cm^{-3}$ y Gutiérrez-Gutiérrez-Castorena et al. (2011) de 0.08 $g \cdot cm^{-3}$.

Para densidad de partículas se obtuvo en polvo de coco 0.346 $g \cdot cm^{-3}$ con valores parecidos a los reportados por Pire y Pereira (2003) de 0.455 $g \cdot cm^{-3}$ y Bracho et al. (2009) que reportan 0.26 $g \cdot cm^{-3}$.

Material	Porosidad total (%)	Porosidad de aireación (%)	Capacidad de retención de agua (%)	Densidad aparente ($g \cdot cm^{-3}$)	Densidad de partículas ($g \cdot cm^{-3}$)
Vermiculita	79.74	16.79	62.95	0.139	0.701
Polvo de coco	79.02	18.40	60.62	0.071	0.346

Vermiculita ($\geq$ 0.250 mm a < 2.00 mm) y polvo de coco ($\geq$ 0.250 mm a < 4.00 mm).

Cuadro 3. Características físicas de los componentes participantes en las mezclas.

4.4. Resultados de la caracterización física de las mezclas

Los datos obtenidos de la caracterización de las tres mezclas elegidas resultantes del algoritmo de optimización se muestran en el Cuadro 4.

De las mezclas, en porosidad total el valor más alto fue de 75.60 % y el más bajo de 74.22 %, difieren estadísticamente de la mezcla comercial Sunshine3®. Situándose los tres valores dentro de lo reportado como óptimo por Cabrera (2002) 70 a 85 % y García (2001) 60-80 % y sin existir diferencias estadísticas significativas entre las tres mezclas.

Esto se explica porque cuando se mezclan distintos tamaños de partículas, las mezclas resultantes tienen mayor densidad aparente y menor porosidad que antes de mezclar (Burés, 1997). Ansorena (1994) menciona que cuando las partículas pasan a tener un tamaño inferior a un 1 mm, se verifica un descenso en la porosidad total, esto se infiere al realizar las mezclas con los materiales componentes de las mezclas utilizados en el caso de vermiculita conformados con fracciones granulométricas entre 0.250 mm y 2.0 mm y de polvo de coco entre 0.250 mm y 4.00 mm.

En porosidad de aireación, los valores obtenidos de 11.14 a 14.10 % se encuentran dentro del rango establecido como óptimo por Ansorena (1994) 10-20 %, Pastor (2000) 10-30 % y Cabrera (2002) 10-20 %. La Mezcla2 no presentó diferencias estadísticas significativas con respecto a la mezcla comercial Sunshine3®, y sí presentó diferencias significativas con las mezclas 1 y 3 que no difieren entre ellas.

Material	Porosidad total (%)	Porosidad de aireación (%)	Capacidad de retención de agua (%)	Densidad aparente ($g \cdot cm^{-3}$)	Densidad de partículas ($g \cdot cm^{-3}$)
Sunshine3®	84.11a	14.59a	69.53a	0.107c	0.678a
Mezcla1	75.49b	11.58b	64.32b	0.116ab	0.485b
Mezcla2	75.60b	14.10a	61.50c	0.114b	0.465b
Mezcla3	74.22b	11.14b	63.08bc	0.117a	0.460b

Letras iguales en la misma columna indican similitud estadística ($p \leq 0.05$) según prueba de medias Tukey.

Cuadro 4. Características físicas de las mezclas obtenidas por algoritmo de optimización.

En la capacidad de retención de agua, las tres mezclas difieren de la mezcla comercial, sin embargo, se encuentran dentro de los valores reportados por Cabrera (2002) como óptimos, situados entre el 55 y 70 %, ya que el valor más alto obtenido es de 64.32 % y el más bajo de 61.50 % correspondiendo a la mezcla uno y dos, respectivamente.

La densidad aparente registró valores entre 0.114 g·cm^{-3} y 0.117 g·cm^{-3}, siendo estadísticamente diferentes con la mezcla comercial que reportó 0.107 g·cm^{-3}. Los valores indicados como deseables según Abad et al. (1993) y Vargas-Tapia et al. (2008b) puesto son menores a 0.4 g·cm^{-3}.

No existen diferencias estadísticas significativas entre los valores obtenidos en las tres mezclas para la densidad de partículas, pero sí con respecto a la mezcla comercial Sunshine3®, los resultados se encuentran entre 0.460 g·cm^{-3} y 0.485 g·cm^{-3}.

En la determinación de las características físicas con la aplicación del método propuesto por la Universidad de Florida (Dilger, 1998) con modificaciones presentadas por Pire y Pereira, (2003) se reportaron coeficientes de variación menores al 8 %, con una variación entre 1.23 % como valor más bajo y 7.28 % como valor más alto (Cuadro 5).

Material	**Porosidad total (%)**		**Porosidad de aireación (%)**		**Capacidad de retención de agua**		**Densidad aparente (g·cm^{-3})**		**Densidad de partículas (g·cm^{-3})**	
	VO	**VE**	**VO**	**VE**	**VO**	**VE**	**VO**	**VE**	**VO**	**VE**
SM3	84.11a		14.59a		69.53a		0.107c		0.678a	
M1	75.49b	79.34	11.58b	17.67	64.32b	61.66	0.116ab	0.101	0.485b	0.507
M2	75.60b	79.38	14.10a	17.59	61.50c	61.78	0.114b	0.105	0.465b	0.525
M3	74.22b	79.41	11.14b	17.51	63.08bc	61.90	0.117a	0.108	0.460b	0.542
CV	1.23		7.28		1.65		1.80		6.53	

VO: valor obtenido; VE: valor esperado; SM3: Sunshine3®; M1: Mezcla1; M2: Mezcla2; M3: Mezcla3; CV: coeficiente de variación (%).

Cuadro 5. Comparativo de valores obtenidos de la caracterización física de las mezclas y valores de salida del algoritmo de optimización.

Capítulo 5

CONCLUSIONES

La caracterización física de los materiales componentes de sustratos es importante para conocer las propiedades que presentan, siendo la determinación granulométrica esencial al influir en las principales propiedades como son la porosidad total, la capacidad de retención de humedad, densidad aparente y densidad real.

El uso del algoritmos de optimización es una herramienta útil para determinar los porcentajes de material (v/v) para mezclas, dando certeza en valores muy aproximados a lo esperado en la densidad aparente, característica que se definió como parámetro para alimentar al sistema. Todos los valores registrados en las características físicas se encuentran dentro de los rangos determinados por algunos autores como ideales para los sustratos.

El polvo de coco mezclado con vermiculita presentó valores dentro del rango considerados como ideales para sustratos en las tres mezclas realizadas, por lo que se considera un material que por sus características físicas puede sustituir a la turba en el proceso de producción de plántulas.

El método de caracterización física propuesto por la Universidad de Florida (Dilger, 1998) con modificaciones realizadas por Pire y Pereira (2003), es confiable y reproducible al haber presentado coeficientes de variación menores al 8 %, por lo que se recomienda su uso para la determinación de las características físicas de los sustratos.

Capítulo 6

REFERENCIAS

Abad, M., Martínez-Herrero, M.D., Martínez-García, P.F., & Martínez-Corts, J. (1993). Evaluación agronómica de los sustratos de cultivo. *Acta Horticulturae,* 11, 141-154.

Abad, M., Fornes, F., Carrión, C., & Noguera, V. (2005). Physical properties of various coconut coir dusts compared to peat. *Hortscience,* 40(7), 2138-2144.

Anicua-Sánchez, R., Gutiérrez-Castorena, M.C., & Sánchez-García, P. (2008). Physical and micromorphological properties of organic and inorganic materials for preparing growing media. *Acta de Horticulturae,* 779, 577-582. https://doi.org/10.17660/ActaHortic.2008.779.74

Ansorena, M. (1994). *Sustratos: Propiedades y caracterización.* Madrid, España: Mundi-Prensa. 172 p.

Arenas, M., Vavrina, C., Cornell, J., Nalón, E., & Hochmuth, G. (2002). Coir as an alternative to peat in media for tomato trasplant production. *HortScience,* 37(2), 309-312.

Ayala-Sierra, A, & Valdez-Aguilar, L.A. (2008). El polvo de coco como sustrato alternativo para la obtención de plantas ornamentales para transplante. *Revista Chapingo Serie Horticultura,* 14(2), 161-167.

Berrospe-Ochoa, E.A. (2010). *Sustratos alternativos a base de cachaza para la producción de plántulas de tomate (Lycopersicum esculentum Mill.).* Tesis de Maestría en Ciencias. Colegio de Posgraduados, Montecillos, Texcoco. Estado de México. México. 127 p.

Berrospe-Ochoa, E.A., Ordaz-Chaparro, V.M., Rodríguez-Mendoza, M.N., & Quintero-Lizaola, R. (2012). Cachaza como sustrato para la producción de plántula de tomate. *Revista Chapingo Serie Horticultura,* 18(1), 141-156.

Bracho, J., Pierre, F., & Quiroz, A. (2009). Caracterización de componentes de sustratos locales para la producción de plántulas de hortalizas en el estado Lara, Venezuela. *Bioagro,* 21(2), 117-124.

Bunt, A.C. (1988). *Media and mixes for container-grown plants* (2nd. ed.). London, England: Unwin Hyman. 148 p. https://doi.org/10.1007/978-94-011-7904-1

Burés, S. (1997). *Sustratos.* Madrid, España: Agrotecnia. 339 p.

Burés, S. (1998). Introducción a los sustratos. Aspectos generales. En Pastor-Sáez, J.N. (Ed.). *Tecnología de sustratos. Aplicación a la producción viverística, ornamental, hortícola y forestal* (pp. 19). Universidad de Lleida.

Cabrera, R.I. (1995). Fundamentals of container media management. Part I. Physical properties. *Rutgers Cooperative Extension Factsheet,* FS812, 4 p.

Cabrera, R.I. (1999). Propiedades, uso y manejo de sustratos de cultivo para la producción de plantas en maceta. *Revista Chapingo Serie Horticultura,* 5(1), 5-12.

Cabrera, R.I. (2002). Manejo de sustratos para la producción de plantas ornamentales en maceta. *2° Simposio Nacional de Horticultura. Memorias. Universidad Autónoma Agraria Antonio Narro.* Saltillo, Coahuila, México. 9 p.

Cadahía, C. (2005). *Fertirrigación. Cultivos hortícolas, frutales y ornamentales* (3ª ed.). Madrid, España: Mundi-Prensa. 681 p.

Carmona, E., Ordovás, J., Moreno, M.T., Avilés, M., Aguado, M.T., & Ortega, M.C. (2003). Granulometric characterization and alteration during composting of industrial cork residue for use as a growing media. *Hortscience,* 38, 1242-1246.

Cruz-Crespo, E., Sandoval-Villa, M., Volke-Haller, V., Ordaz-Chaparro, V., Tirado-Torres, J.L., & Sánchez-Escudero, J. (2010). Generación de mezclas de sustratos mediante un programa de optimización utilizando variables físicas y químicas. *Terra Latinoamericana,* 28(3), 219-229.

De Boodt, M., Verdonck, O., & Cappaert, I. (1974). Method for measuring the waterrelease curve of organic substrates. *Acta horticulturae,* 37, 2054-2062. https://doi.org/10.17660/ActaHortic.1974.37.20

Dilger, D. (1998). Container substrate and irrigation. *The Woody Ornamentalist,* 23(1), 1-2.

Fernández, B.C., Urdaneta, N., Silva, W., Poliszuk, H., &, Marín, M. (2006). Germinación de semillas de tomate *(Lycopersicon esculentum Mill.)* cv. Rio Grande sembradas en bandejas plásticas utilizando distintos sustratos. *Revista de la Facultad de Agronomía,* 23(2), 188-195.

Flores-Almaraz, R., Livera-Muñoz, M., Colinas-León, M.T., Gaytán-Acuña, E.A., & Muratalla-Lúa, A. (2008). Producción de plántulas de ciclamen *(Cyclamen persicum Mill.)* en sustratos basados en polvo de bonote de coco. *Revista Chapingo Serie Horticultura,* 14(3), 309-318. https://doi.org/10.5154/r.rchsh.2005.08.031

Fonteno, W.C. (1993). Problems and considerations in determining physical properties of horticultural substrates. *Acta Horticulturae,* 342, 197-204. https://doi.org/10.17660/ActaHortic.1993.342.22

Gabriels, R., van Keirsbulck, W., & Verdonck, O. (1991). Reference method for physical and chemical characterizacion of growing media: an international comparative study. *Acta horticulturae,* 294, 147-160. https://doi.org/10.17660/ActaHortic.1991.294.17

García, O, Alcántar, G., Cabrera, R.I., Gavi, F., & Volke, V. (2001). Evaluación de sustratos para la producción de Epipremnum aureum y Spathiphyllum wallisii cultivadas en maceta. *Terra Latinoamericana,* 19(3), 249-258.

Gutiérrez-Castorena, M.D., Hernández-Escobar, J., Ortiz-Solorio, C.A., Anicua-Sánchez, R., & Hernández-Lara, M.E. (2011). Relación porosidad-retención de humedad en mezclas de sustratos y su efecto sobre variables respuesta en plántulas de lechuga. *Revista Chapingo Serie Horticultura,* 17(3), 183-196. https://doi.org/10.5154/r.rchsh.2011.17.029

Hernández, J.L. (2009). *Propiedades hídricas en mezclas de sustratos con diferentes proporciones y tama-os de partícula.* Tesis de Maestría en Ciencias. Colegio de Posgraduados, Montecillo, Texcoco, Estado de México, México. 94 p.

Hitchon, G.M., Hall, D.A., & Szmidt R.A.K. (1990). Hydroponic production of glasshouse tomatoes in sardinian plaster-grade perlite. *Acta horticulturae,* 287, 261-266.

Jiménez, R., & Caballero, M. (1990). *El cultivo industrial de plantas en maceta.* Reus, España: Ediciones de Horticultura.

Konduru, S., Evans, M.R., & Stamps, R.H. (1999). Coconut husk and processing effect on chemical and physical properties of coconut coir dust. *HortScience,* 34(1), 88-90.

López-Cuadrado, M., & Masaguer, A. (2006). Sustratos para viveros: conocer sus propiedades ayuda a su correcta utilización. *Horticultura (Viveros),* Volumen Extra, 44-50.

López, L.N., & López, F.A. (2012). Uso de un sustrato alternativo a la turba para la producción viverística de plantas hortícolas y aromáticas. Instituto de Biodiversidad Agraria e Desenvolvemento Rural, Universidade de Santiago de Compostela, *Recursos Rurais Revista do IBADER,* 8, 31-37.

Lemaire, F. (1989). *Cultures en post et conteneurs.* París-Limoges, Francia: INRA-PHM Revue Horticole. 184 p.

Lemaire, F., Fatigues, A., Reviere, L.M., Charpentier, S., & Morel, P. (2003). *Cultures en post et conteneurs, príncipes agronomiques et applications* (2ª ed.). Paris: INRA. 210 p.

Martínez, F.X. (1992). Propuesta de metodología para la determinación de las propiedades físicas de los sustratos. *Actas de Horticultura,* 11, 55-66.

Masaguer, A., & Cruz, M.S. (2007). *Avances en sustratos para cultivos hortícolas: caracterización y manejo.* 4° Curso Internacional de Actualización en Horticultura Protegida. Universidad Politécnica de Madrid, España. 44 p.

Moreno-Álvarez, J.M. (2002). La materia orgánica y la capacidad de retención de humedad en sustratos. *Agricultura Orgánica,* 1, 23-25.

Muratalla-Lúa, S., Rodríguez-Mendoza, M.N., Sánchez-García, P., Tijerina-Chávez, L., Santizo-Rincón, J.A., & López-Jiménez, A. (2006). Paja de maíz como sustrato en el crecimiento de plántulas de jitomate. *Terra Latinoamericana,* 24(3), 319-325.

Noguera, P., Abad, M., Puchades, R., Maquieira, A., & Noguera, V. (2003). Influence of particle size on physical and chemical properties of coconut coir dust as container medium. *Communications in Soil Science and Plant Analysis,* 34, 593-605. https://doi.org/10.1081/CSS-120017842

Ortega-Martínez, L.D., Sánchez-Olarte, J., Díaz-Ruiz, R., & Ocampo-Mendoza, J. (2010). Efecto de diferentes sustratos en el crecimiento de plántulas de tomate *(Lycopersicum esculentum Mill.). Ra Ximhai,* 6, 365-372.

Pastor, J.N. (2000). Utilización de sustratos en viveros. *Terra Latinoamericana,* 17(3), 231-235.

Pineda, M.L. (2011). *Monitoreo de la retención y absorción de agua en sustratos de diferente granulometría.* Tesis de Maestría en Ciencias. Posgrado en Edafología. Colegio de Posgraduados. Montecillo, Texcoco, Estado de México. 85 p.

Pire, R., & Pereira, A. (2003). Propiedades físicas de componentes de sustratos de uso común en la horticultura del estado Lara, Venezuela. Propuesta metodológica. *Bioagro,* 15(1), 55-63.

Puerta, E.C., Russián, L.T., & Ruiz, S.C. (2012). Producción de plántulas de pimentón (Capsicum annuum L.) en sustratos orgánicos a base de mezclas con fibra de coco. *Revista Científica UDO Agrícola,* 12(2), 298-306.

Quesada, R.G., & Méndez, S.C. (2005a). Análisis fisicoquímico de materias primas y sustratos de uso potencial en almácigos de hortalizas. *Revista de Agricultura Tropical* 35, 1-13.

Quesada R.G., & Méndez, S.C. (2005b). Evaluación de sustratos para almácigos de hortalizas. *Agronomía Mesoamericana,* 16(2), 171-183. https://doi.org/10.15517/am.v16i2.11870

Servicio de Información Agroalimentaria y Pesquera (SIAP) (2015). *Atlas Agroalimentario 2015.* Secretaría de Agricultura, Ganadería, Desarrollo Rural, Pesca y Alimentación. México. 220 p.

Terés, T.V. (2001). *Relaciones aire-agua en sustratos de cultivo como base para el control del riego. Metodología de laboratorio y modelización.* Tesis Doctoral. Escuela Técnica Superior de Ingenieros Agrónomos de la Universidad Politécnica de Madrid. España.

Urrestarazu, M. (2004). *Tratado de cultivo sin suelo* (3a ed.). Mundi-Prensa Madrid. 914 p.

Vargas-Tapia, P., Castellanos, J.Z., Sánchez, P., Tijerina, L., López, R.M., & Ojodeagua, J.L. (2008a). Caracterización física, química y biológica de sustratos de polvo de coco. *Revista Fitotecnia Mexicana,* 31(4), 375-381.

Vargas-Tapia, P., Castellanos, J.Z., Muñoz, J.J., Sánchez, P., Tijerina, L., López, R.M., Martínez, C., & Ojodeagua, J.L. (2008b). Efecto del tamaño de partícula sobre algunas propiedades físicas del tezontle de Guanajuato, México. *Agricultura Técnica en México,* 34(3), 323-331.

Vence, L.B. (2008). Disponibilidad de agua-aire en sustratos para plantas. *Ciencia del Suelo,* 26(2), 105-114.

Villanueva, E., Sánchez, P., Rodríguez, N., Villanueva, E., Ortiz, E., & Gutiérrez, J.A. (1988). Efecto de reguladores del crecimiento y tipo de sustrato en el enraizamiento de Kalanchoe. *Terra Latinoamericana,* 16(1), 33-41.

Zamora, B.P., Sánchez, P., Volke, V.H., Espinosa, D., & Galvis, A. (2005). Formulación de mezclas de sustratos mediante programación lineal. *Interciencia,* 30(6), 365-369.

SOBRE LOS AUTORES

Oscar Gabriel Villegas Torres

Ingeniero agrónomo fitotecnista. Doctor en Ciencias en Fisiología Vegetal. Profesor-Investigador de tiempo completo, Titular B definitivo, en la Facultad de Ciencias Agropecuarias de la Universidad Autónoma del Estado de Morelos. Miembro del Sistema Nacional de Investigadores Nivel 1 y con reconocimiento Perfil Deseable otorgado por la SEP. Su principal línea de investigación son los Sustratos y nutrición mineral de plantas hortícolas.

Martha Lilia Domínguez Patiño

Licenciada en química industrial. Tiene una maestría en química orgánica, doctorada en ingeniería de materiales. Sus principales líneas de investigación son los biomateriales, los materiales compuestos, los procesos y la catálisis, los polímeros y la hidroponía. Actualmente es profesora investigadora titular al SEI estatal. Ha publicado más de 25 artículos arbitrados. Pertenece a varias asociaciones como SQM, IMIQ AMIDIQ entre otras. Ha participado en la evaluación de proyectos CONACYT, FINNOVA, posgrados PNPC. Ha dirigido tesis a nivel licenciatura, maestría y doctorado.

Magdalena Albavera Pérez

Realizó sus estudios de licenciatura Ingeniería Hortícola en la Facultad de Ciencias Agropecuarias de la Universidad Autónoma del Estado de Morelos. Estudió el posgrado de Maestría en Ciencias Agropecuarias y Desarrollo Rural en la Facultad de Ciencias Agropecuarias de la Universidad Autónoma del Estado de Morelos. Trabaja como profesora por horas en la Facultad de Ciencias Agropecuarias impartiendo la materia de Cultivos Florísticos III, Cultivos Florísticos II, entre otras. Ha sido revisora de Tesis de Licenciatura; trabajos revisados: *Proceso de Consultoría Técnica para la Implementación de un Sistema de Reducción de riesgos de contaminación en la producción primaria*, *Ácido giberélico y nitrato de potasio como promotores de la germinación de semillas de chile habanero (Capsicum chinense Jacq)*, y la *Memoria de trabajo Actividades realizadas en el vivero forestal militar Cuernavaca en especies forestales de clima templado frío y clima cálido*. Ha sido tutora de los alumnos Marure López María Dolores, Montiel Beltrán Ma. Elizabeth. Marure López María Dolores, Ramírez Bustos Rosa Elvira y de Torres Gorrosquieta Anisbeth. Ha asistido a cursos y congresos nacionales e internacionales, así mismo organizó eventos académicos, además su experiencia laboral en el campo profesional se desarrolló como: Asesora técnica e Investigadora. Responsable del área de pruebas experimentales desarrollando tareas de investigación y producción en granos básicos a cielo abierto y hortalizas bajo invernadero. Asesora técnica. Responsable del proyecto "Producción de laurel por acodo y bajo invernadero en el programa de Reforestación Urbana de la Secretaría de Desarrollo Rural. Auxiliar de Vocalía Ejecutiva de la Secretaría de Desarrollo Agropecuario. Jefe del Departamento de Análisis y Evaluación de la Secretaría de Desarrollo Agropecuario. Coordinador Regional, atendiendo los municipios de Huitzilac, Tepoztlán, Cuernavaca, Temixco, Jiutepec, Xochitepec y Emiliano Zapata en la Secretaría de Desarrollo Agropecuario.

María Andrade Rodríguez

Realizó sus estudios de licenciatura en la Universidad Autónoma Chapingo, estado de México, obteniendo el grado de ingeniero agrónomo especialista en fitotecnia. Estudió el postgrado en el colegio de postgraduados en ciencias agrícolas, Montecillo, obteniendo el grado de maestro en ciencias y el doctorado en ciencias. Trabajó como técnico laboratorista, desarrollando actividades de micropropagación de plantas ornamentales. Posteriormente fue investigadora auxiliar adjunta en el laboratorio de biotecnología del programa de genética. Actualmente es profesora investigadora a tiempo completo titular "A", definitivo. Se ha desempeñado como docente en licenciatura en los cursos "propagación de plantas y manejo de viveros" así como del curso "propagación *in vitro* de frutales" y olericultura II. Botánica y micropropagación de plantas. Fisiología vegetal "extracción de ADN en plantas de cítricos y mango". Y en el posgrado en el seminario de investigación II, III, IV, VI. Pertenece al sistema nacional de investigadores nivel I y al sistema estatal de investigadores como miembro. Ha elaborado material didáctico como *Manual de prácticas del curso de fisiología vegetal*, apuntes del curso de Fitomejoramiento y el *Manual de prácticas del curso propagación vegetal*. Realiza actividades de tutoría a los alumnos de la facultad de ciencias agropecuarias. Ha sido revisora de tesis de licenciatura y de maestría. Ha sido directora de tesis de licenciatura, maestría y doctorado, sus líneas de investigación están enfocadas a biotecnología y poscosecha, conservación y rescate de recursos filogenéticos. Ha impartido conferencias en congresos nacionales e internacionales, reuniones, simposios y foros. Tiene publicaciones en memorias y artículos en revistas indexadas y ha publicado libros como *El zapote mamey en México: avances de investigación*. Universidad Autónoma del Estado de Morelos. México. *Los cítricos en Nuevo León. Tópicos selectos de horticultura.* Y ha publicado capítulos en libros. Ha participado en la elaboración de planes de estudio de los programas educativos de licenciatura de ciencias agropecuarias. Universidad Autónoma del Estado de Morelos. Así como participación como evaluadora en la comisión de dictaminación académica y participación como árbitro de revistas indexadas y en comités editoriales.

Héctor Sotelo Nava

Ingeniero agrónomo (ESA Uagro 1982-1987). Con Maestría (1989-2001) y Doctorado (2011- 2014) en la UAEM, especialista en nutrición. De 1990 al 2007, en la SEDAGRO-Morelos, ejecutó proyectos de "Inducción y Transferencia de tecnología en Hortalizas, granos básicos y frutales". Profesor investigador a tiempo completo en la Facultad de Ciencias Agropecuaria de la UAEM (2007-2016). Ha publicado 10 artículos en revistas científicas y de divulgación. Es autor de un libro, tres capítulos de libro y tres manuales de frutales. Ponente y asistente en congresos nacionales e internacionales. Coautor de tres tesis.

Martín Gerardo Martínez Rangel

Realizó estudios de licenciatura, ingeniería industrial en producción, en el Tecnológico Nacional de México, y estudios de posgrado de maestría en ciencias de la computación con especialidad en ingeniería de software, y de doctorado en ingeniería y ciencias aplicadas, en la Universidad Autónoma del Estado de Morelos en el Centro de Investigaciones en Ingeniería y Ciencias Aplicadas. Actualmente es profesor investigador titular "A" definitivo de la Facultad de Contaduría, Administración e Informática de la Universidad Autónoma del Estado de Morelos.

Ha publicado varios libros como *La computadora, herramienta indispensable en diversas áreas del conocimiento* y *El desarrollo de software como herramienta en distintos campos de la ingeniería.* También ha publicado varios capítulos de libro; *Experimental Analysis with Variable Neighborhood Search for Discrete Optimization Problems, Encyclopedia of Information Science and Technology mehdi khosrowpour, Variable Neighborhood Search for Nondeterministic Problems, Artificial Intelligence and Soft Computing, Neighborhood hybrid structure for minimum spanning tree problem, nith electronics, robotics and automotive mechanics, Relajación del problema de calendarización de trabajos en un taller de manufactura utilizando un grafo bipartita, Una metodología para resolver problemas de optimización discreta, modelado del problema de calendarización de recursos para la fabricación de compresores, teoria y práctica en las ciencas computacionales.* Ha asistido y participado en diferentes congresos nacionales e internacionales como ponente donde ha publicado varios artículos. Ha sido miembro revisor de tesis y asesor de licenciatura.

Miguel Aguilar Cortés

Realizó estudios de ingeniería química en la Facultad de Ciencias Químicas e Ingeniería de la Universidad Autónoma del Estado de Morelos, México. Realizó estudios de posgrado en la Universidad Autónoma del Estado de Morelos obteniendo el grado de Maestro en Ingeniería Química y de Doctor en Ingeniería y Ciencias Aplicadas. Se ha desempeñado como docente en instituciones públicas y privadas por varios años, además tiene experiencia profesional en la industria química. Ha asistido y participado en diferentes congresos nacionales e internacionales como ponente y publicado artículos relativos a temáticas relacionadas con el reciclado de aparatos eléctricos y electrónicos, investigación educativa, análisis de ciclo de vida de los aparatos eléctricos y electrónicos, y sobre producción de plántulas en sistemas controlados e hidroponía. Es autor de un capítulo de libro, *Potencial de uso de la vermicomposta en la producción de cultivos en contenedor*. Pertenece al Sistema Nacional de Investigadores. Actualmente es profesor en la universidad Autónoma del Estado de Morelos.

Carlos Castillo Carpintero

Realizó estudios de química industrial en la Facultad de Ciencias Químicas e Ingeniería de la Universidad Autónoma del Estado de Morelos, México. Realizó estudios de posgrado en la Universidad Autónoma del Estado de Morelos obteniendo el grado de Maestro en Enseñanza de las Ciencias. Se ha desempeñado como docente en instituciones públicas por varios años. Ha asistido y participado en diferentes congresos nacionales e internacionales como ponente y ha publicado artículos relativos a temáticas relacionadas con investigación educativa. Ha desarrollado programas de estudio (unidades de aprendizaje) bajo el enfoque de competencias. Ha sido miembro revisor de tesis y asesor de licenciatura. Actualmente es profesor en la Universidad Autónoma del Estado de Morelos.

María del Carmen Magadan Salazar

Realizó estudios de ingeniero químico en la Facultad de Ciencias Químicas e Ingeniería de la Universidad Autónoma del Estado de Morelos, México. Realizó estudios de posgrado en la Universidad Autónoma del Estado de Morelos obteniendo el grado de Maestro en Enseñanza de las Matemáticas con salida terminal en: Educación Matemática. Se ha desempeñado como docente en la Facultad de Ciencias Químicas e Ingeniería de la Universidad Autónoma del Estado de Morelos por varios años, con la categoría de Profesor Investigador Asociado "B". Ha asistido y participado en diferentes congresos nacionales e internacionales como ponente y publicado artículos relativos a temáticas relacionadas con investigación educativa. Ha desarrollado programas de estudio (unidades de aprendizaje) bajo el enfoque de competencias, Pertenece al Comité de Calidad para la Implementación del Sistema de Calidad Norma ISO 9001-2000 como vocal, además de ser integrante en la Comisión de Asuntos Académicos de la Academia General de Matemáticas y Coordinador del Centro de Informática. Ha sido miembro revisor de tesis y asesor de licenciatura, así como tutora de diferentes grupos de alumnos. Pertenece a la Academia de Matemáticas de la FCQI, Academia de Áreas Básicas de la FCQI, Academia General de Matemáticas, Academia General de Química y al instituto Mexicano de Ingenieros Químicos.

Made in United States
Cleveland, OH
05 November 2026

47664028R00037